ENGLISH

英/国/建/筑/细/部/设/计

墙雕建筑细部设计

创意策划：W.HY国际出版社（U.K.）

W.HY雪儿创作室（U.K.）编

上海科学技术文献出版社

欧洲建筑的艺术思绪（代序）

　　宏伟的历史建筑，在某种意义上，是来自生活的美和悠久的历史文化。中殿、侧殿、耳堂、东端、西端、尖塔的建筑辉煌，是设计师留给人类最伟大的永恒作品。

　　欧洲建筑细部设计写真系列，将带给读者一个真实的建筑艺术世界。在这里有最美、最壮观的皇宫、城堡、教堂、景观、墙雕和私家建筑，而最为壮丽、辉煌之一的还有：窗花格、柱头、锤梁屋顶、飞扶壁上滴水嘴、……

　　欧洲的建筑艺术灿烂辉煌，令人目眩，其中最能打动人心的是那些古典与现代相结合的建筑魅力。

　　在建筑设计的表现上，欧洲的建筑到处都体现着一种令人难以置信的曲线美。而这种曲线美以植物的缠绕状作为建筑设计的源泉，使之在建筑立面的表现上，犹如旋风似地爬上了视觉的最亮点。查里巴里爵士（1795 － 1860）1836 年主持设计建造的伦敦议会大厦，就是一座反映当时文化内涵——浪漫主义与幻想相结合的"历史主义"的建筑。

　　而哥特式建筑风格的表现，设计理念更加令人折服。抒情的歌颂，结合狂热的想象，给人一种前所未有的视觉冲击，让人们在不知不觉中被装饰创作所感染。不对称的设计构成与形象节奏的表现，成为了梦幻中的现实世界。英国威斯敏斯特大教堂（哥特式建筑）以其变化多端的装饰设计风格见长，屋顶上的枝肋、居间肋、悬垂式拱顶石，以及丰富的花饰，就是最好的见证。

　　建筑设计的超时代想象，是在 19 世纪末作为古典精神与现代新思维的冲击中产生，将以石材为基础的古典建筑，演绎为以使用钢材为主体的新建筑，将美观与实用、艺术与工艺结合在一起。新拜占式，新哥特式，新罗马式等各种风格相结合的综合建筑，已成为建筑设计的新时尚。

欧洲建筑的辉煌，永远是人类社会的宝贵财富。英国建筑细部设计写真系列全书，作者特有的视觉理念，在光圈中将欧洲建筑细部设计，通过典型的英国建筑纵情表现。全书影像中的建筑印象，摆脱了前期古罗马建筑的风格，设计上敦厚的墙壁和粗壮的柱子不见了；门窗孔角多引用了来自东方的尖券，代替了古罗马时期的半圆拱；尖形肋骨拱顶和坡度很大的两坡屋面，以及耸入云霄的钟楼、尖塔、群柱和飞扶壁，精雕细刻色彩斑斓的棂花窗和门饰，是这一时期典型的建筑风格。也就是史称这段时期的建筑，为哥特式建筑。

哥特式建筑，虽然这一时期的建筑仍以教堂建筑为主，但实际上已不是纯粹的宗教建筑物和军队作战的堡垒工事。演变成市民会堂、公共礼堂、市场和剧场，成为市民活动的中心。无论是婚丧大事，还是一系列重大活动，教堂都逐步演变成为市俗生活有机联系的一部分，同时市民以教堂的辉煌和质量的坚实作为城市的炫耀。兴建教堂成为经济繁荣的象征，战争胜利的标志。每一座城市的主教堂，已成为富强与解放的纪念碑。自12至15世纪，法国就建造了60余座城市主教堂，其中许多主教堂是全国设计竞赛而最后产生的设计方案。

哥特式建筑，最主要的设计功能，除了用途上的性质变化外，在建筑方面的表现，具备了几个最为重要的特征：

整体建筑面积上的变化。作为市民活动的中心，节日和重大纪念日的活动场所，要能够承受相当规模的群众集会，教堂入口的前面，往往都需要一个面积较大的广场。

整体建筑造型上的变化。俯视其平面基本上属于拉丁十字式。建筑风格保持着基本的十字形平面，设计为满足列队举行仪式的中厅，供平民百姓做弥撒用的侧面礼拜堂。在英国，社区的小礼拜室较多，设计布局变化也大，当随着造型的发展，各种空间组合后的实用型布局更加复杂。小礼拜室造型上成龛状，所以外轮廓多为圆形。西面入口处钟塔的设置，是英国哥特式教堂的最大特点。哥特式教堂的中厅并不宽敞，而纵向却很长，层高也很高。法国巴黎圣母院就是最好例证，中厅宽12.5米，长127米，高度到拱脚25米，至拱顶约32米。挺拔的柱列，通过烛光照射的视觉导向，将信徒的视线引向耶稣基督的受难像，从而营造一种强烈的宗教情绪。随着建筑技术的进步，中厅的空间愈来愈高。柱头渐渐的消退，拱肋与柱子也连成整体，使屋顶的骨架券犹如从柱子中散射出去的枝干，挺拔有力，视觉上的艺术感受更加完美，心理上更加具有强烈升腾的神圣感。英国教堂的正厅很长，通常有二个横厅，钟楼一般在纵横于两个横厅交点的上空，设一个。东端一般多为方形，索尔兹堡大教堂就是英国哥特式建筑教堂的典型代表。

整体建筑结构上的变化。哥特式建筑的结构，是一种比较先进的设计。它摆脱了对厚重的砖石的依赖，可以做成更高更富于变化的穹顶。这样一来，墙的空间便很自由，可以用雕塑、绘画或者加玻璃，借以教育纯真的礼拜者。于是，便创造出一种综合性更强的建筑艺术，由于结构和细部处理上的相互契合，更加鼓舞人们对于基本原理及其实现的追求。为确保砌体承重，结构上用它束柱、骨架券、十字拱与飞扶壁等工艺，将主体组成框架式，其维护结构均为填充，由此而来的结果，让室内空间变得更加宽敞，解脱了传统上粗柱厚墙的约束，透光门窗洞口比过去加大。德国科隆主教堂的中厅结构竟高达48米，实在令人惊叹；德国乌尔姆市教堂的钟塔高达161米，其高度也可称奇迹；巴黎艾菲尔铁塔未建成前，它一直居全世界建筑高度之最。哥特建筑的结构之所以纤细精巧，据史学家们分析，当时石材的主要产地仍为封建领主所控制，迫使城市教堂的修建，石料成为最昂贵的材料，节约每一块石料，在石材强度上动脑筋，成为工匠最重要的职责。那些精雕细刻的每一个建筑构件，都成为工匠们艺术创作的作品，也成为哥特式建筑艺术成就的辉煌。夏特尔教堂就是法国早期哥特式建筑的古典范例。它的主体建筑最早建造为27年（从1194年到1221年），而塔的建造却长达几个世纪。13世纪在南面建造的塔只是简单的八角形，而约1507年在北面修的尖塔是煞费苦心的。然而，夏特尔教堂并不只是在塔上表现出古典特点，是典型的罗马风格教堂，是一种由某个大修道院出资修建的，属于城市的哥特式大教堂。建造这类教堂，不仅是显示"上帝的荣耀"，而且还是城市的骄傲。如圣丹尼斯大教堂建造中的公益劳动，均为教区的居民，贵族和平民一律平等。农民拉车采石，商人和手艺人候车送料到工地。

整体建筑形象上的变化。哥特式建筑由于整体建筑结构上的变化，墙雕盛饰的繁荣，促使了窗饰的发展。由于窗户面积增大，透光范围增多，教堂内部比拜占廷时期的建筑要更明亮一些。能工巧匠们借此大显身手，在大面积的窗子上，用彩色玻璃嵌出各种以新约故事为主题的精美图案，这些宗教图画作为"普通老百姓的圣经"，对文化层次较低的市民，起到了宗教知识的普及作用。而在外窗的装饰上，回旋绕在窗上的图形，像是在秋风中摇荡的，或是在篝火中被火焰所舔蚀的树叶，许多窗饰上所采用的火焰式图形。其先由车轮式改为玫瑰花式，又由玫瑰花式改为火焰式图形。哥特式建筑窗饰的外表印象，也有向上飞腾的动势。早期双尖拱窗户的基本样式，是让一个圆圈均衡地处在两个拱的尖端之间，"两尖一圆"都被包在尖形的窗框之内。后来，这种形式被限定的图形内得到更自由地变化，像是向外伸长的植物叶蔓。当圆圈以旺盛的活力向外吐出花瓣或射出光线，这种图形就成为法国哥特式窗饰，后来被起名为雷叶南特放射式装饰。

在英国同一时期的三叶形和树叶形图案，被称为戴克里特盛饰。格洛斯特大教堂东端清高与庄严的垂线式窗户上，所表现出为哥特式时期窗饰的顶峰。但是，在这典型的英国窗饰之前，盛饰阶段的曲线风格，已变得毫不节制。更为激奋的是多变的流动形式，其S形的窗饰和座位上的曲线形窗饰，已达到最盛阶段。甚至在纯粹的垂线窗饰上，所有的线条也都垂直向上，笔直地、光溜溜地附在一个垂直的长方形板上。轻巧的垂直线雕饰墙面和墙体、扶壁钟塔等，都是从底部至上部，划分越来越细，装饰越来越多，玲珑越来越精，而且顶部均有锋利的、直插云霄的小尖顶。门上的山花、龛上的华盖、门窗洞口的上部、扶墙的脊和所有建筑局部的顶端，无处不以尖形母体引伸出统一的、灿烂无比的哥特式建筑墙饰艺术。同时，窗雕的装饰图形更加生动活泼，飞禽走兽，植物花纹，都成为这一时期哥特式建筑的外墙窗饰表现。

哥特式建筑艺术上的变化。法国哥特式教堂的典型构图是一对塔楼夹着中厅的山墙，垂直的将立面划分为三个部分。山墙檐头上的栏杆、大门洞上一长列安置着犹太和以色列储王雕像的龛，象两条带子将竖向三部分连成整体。中部二层正中直径10余米的玫瑰花窗，此窗被宗教寓为天堂，因此大都精雕细琢。三座门洞都用尖拱线脚围绕，层层后退，增加了深度感。作家巴尔扎克的名著《巴黎圣母院》中，作家对这种具有法国哥特式风格的教堂的描述留给人们深刻的印象。德国哥特式教堂不讲求立面上的水平划分，垂直划分却更密、更突出，显得森冷而压抑。英国哥特式教堂则比较重视水平划分，立面构图显得舒缓，且常常不建钟塔。这可能与英格兰人的性格趋于保守不无关系吧。西班牙哥特式教堂采用法国的型制和建筑风格。但是，西班牙的建筑主要是雇用阿拉伯能工巧匠建造。因此，不少伊斯兰建筑手法渗透到西班牙的哥特式建筑里去，其特点是尖头券变成了马蹄形券，金属棂花窗变成了镂空石棂窗，并在表面施加了一些几何图形或花草图案。应该说，西班牙教堂的建筑形象是阿拉伯味和哥特式味（特称"穆达迦风格"）。建于1220至1500年的伯各斯主教堂，和建于1227至1493年的督莱多主教堂，是这种风格的典型代表。

意大利哥特式教堂受古罗马风格的影响较少，因而哥特式建筑得以生根。而在古罗马文明较发达的南部地区，从没有接受哥特建筑的结构体系和造型原则，只是把它作为一种装饰风格。因此，严格地说，在意大利民族文化根深蒂固的南方地区，找不到"纯粹"的哥特式建筑。

意大利南方相当于哥特式时期的世俗建筑有很高的成就，特别是一些城市建筑和府邸，多建于市中心的主要广场上，外墙面多用粗石，敦厚庄重。主体建筑成为城市的标志。城市总体轮廓高低错落，有优美的天际线。威尼斯圣马可广场上的总督宫，被认为是意大利中世纪世俗建筑最美丽的杰作之一。该建筑平面简单，立面却借鉴哥特式风格十分丰富。在大面积淡红色花岗石墙面上，疏密有致的排列着有哥特式柱廊的府邸，大都临水而建，更增添了水乡轻快、静谧的气氛，成为举世闻名的威尼斯水乡的重要组成部分。黄金府邸是该时期著名的世俗建筑之一。

本图册是 W. HY 雪儿创作室（U. K.）通过欧洲诸国实地写真的艺术手法，集中展示英国古典建筑设计之辉煌，引导读者一起走进古典建筑艺术的顶峰世界系列创作之一。

需要说明的是：英国建筑细部设计写真系列图册的编辑，根据作者的意见，因特殊的原因，不宜标出建筑物的详细名称和具体方位，请读者见谅。

编者
2007 年 3 月

英 / 国 / 建 / 筑 / 细 / 部 / 设 / 计 / 写 / 真 / 系 / 列

WALL CARVING

墙 雕 建 筑 细 部 设 计

门雕窗饰

Door Carving
and Window Adornment

Linjun.Z 2005

Detailed Architectural Design in Wall Carving

英国建筑细部设计写真系列 / 虚雕建筑细部设计 / 图例

18

Linjun.Z 2005
Detailed Architectural Design in Wall Carving

28

Linjun.Z 2005
Detailed Architectural Design in Wall Carving

Linjun.Z 2005
Detailed Architectural Design in Wall Carving

英国建筑细部设计写真系列／墙雕建筑细部设计／图例

44

46

48

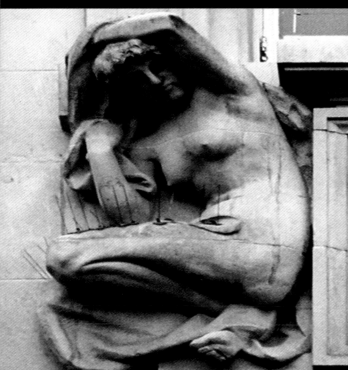

Linjun.Z 2005
Detailed Architectural Design in Wall Carving

54

Detailed Architectural Design Albums in Britain's Building

55

Linjun.Z 2005
Detailed Architectural Design in Wall Carving

64

Linjun.Z 2005
Detailed Architectural Design in Wall Carving

65

Linjun.Z 2005
Detailed Architectural Design in Wall Carving

Linjun.Z 2005
Detailed Architectural Design in Wall Carving

Linjun.Z 2005
Detailed Architectural Design in Wall Carving

74

Linjun.Z 2005
Detailed Architectural Design in Wall Carving

78

Linjun.Z 2005
Detailed Architectural Design in Wall Carving

Linjun.Z 2005
Detailed Architectural Design in Wall Carving

Linjun.Z 2005
Detailed Architectural Design in Wall Carving

88

顶雕角饰

Roof Carving
and Corner Adornment

96

Linjun.Z 2005

Detailed Architectural Design in Wall Carving

108

110

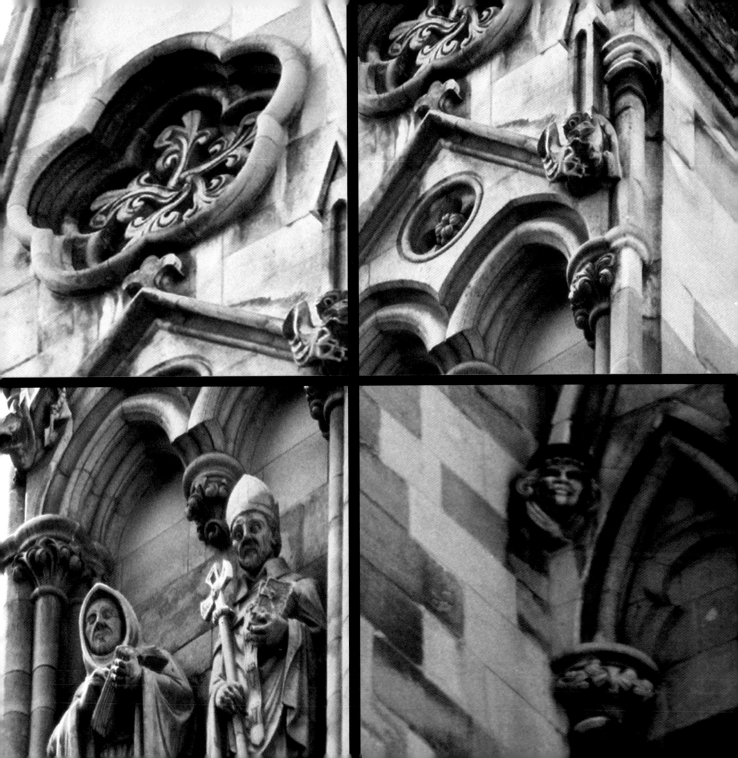

Linjun.Z 2005
Detailed Architectural Design in Wall Carving

Linjun.Z 2005
Detailed Architectural Design in Wall Carving

126

Linjun.Z 2005
Detailed Architectural Design in Wall Carving

128

Linjun.Z 2005
Detailed Architectural Design in Wall Carving

130

Linjun.Z 2005
Detailed Architectural Design in Wall Carving

134

Linjun.Z 2005
Detailed Architectural Design in Wall Carving

Detailed Architectural Design in Wall Carving

144

146

Linjun.Z 2005

Detailed Architectural Design in Wall Carving

148

Linjun.Z 2005
Detailed Architectural Design in Wall Carving

150

Linjun.Z 2005
Detailed Architectural Design in Wall Carving

154

158

Linjun.Z 2005

Detailed Architectural Design in Wall Carving

164

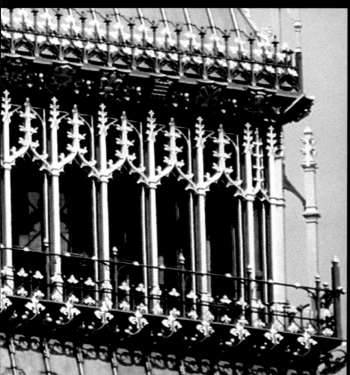

Linjun.Z 2005

Detailed Architectural Design in Wall Carving

Linjun.Z 2005
Detailed Architectural Design in Wall Carving

Linjun.Z 2005
Detailed Architectural Design in Wall Carving

174

178

182

184

Linjun.Z 2005
Detailed Architectural Design in Wall Carving

186

Linjun.7 2005

Detailed Architectural Design in Wall Carving

188

190

193

196

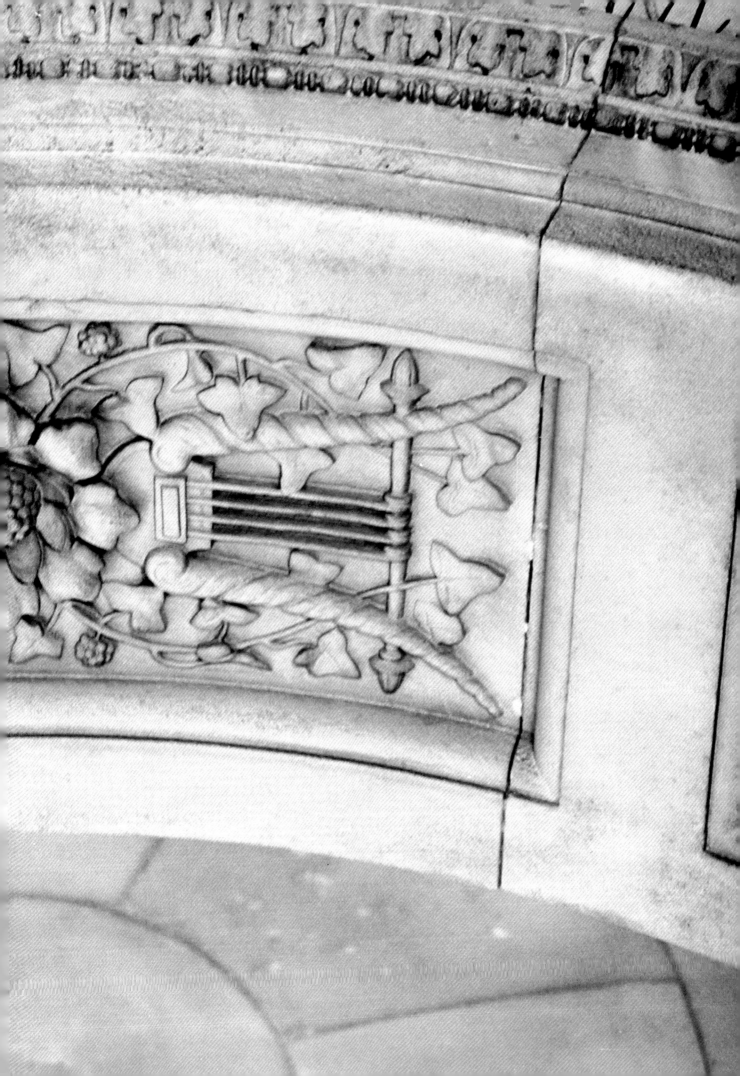

204

Linjun.Z 2005
Detailed Architectural Design in Wall Carving

Linjun.Z 2005
Detailed Architectural Design in Wall Carving

214

Linjun.Z 2005
Detailed Architectural Design in Wall Carving

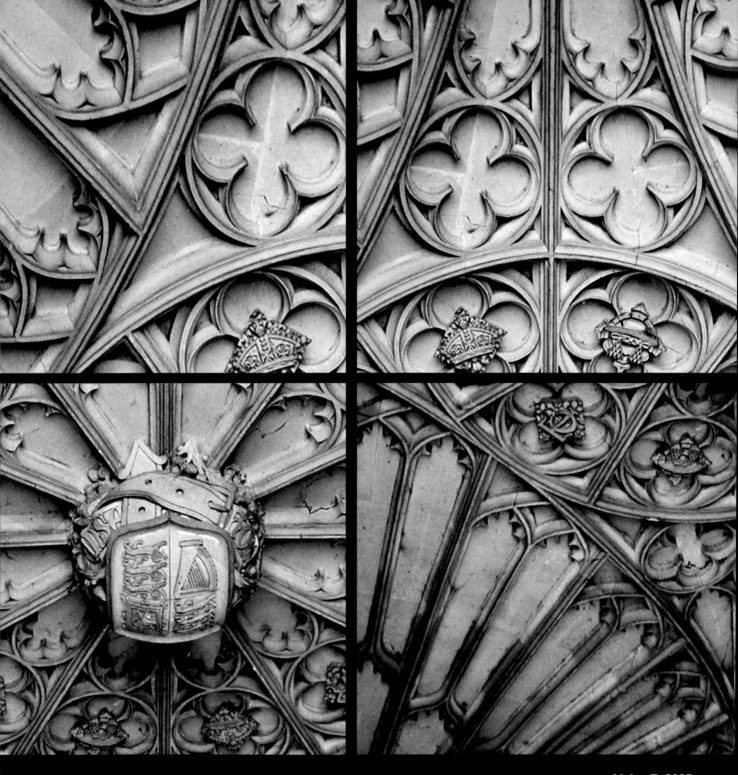

230

Linjun.Z 2005
Detailed Architectural Design in Wall Carving

Linjun.Z 2005
Detailed Architectural Design in Wall Carving

246

立雕体饰

3D Carving
and Wall Adornment

Linjun.Z 2005
Detailed Architectural Design in Wall Carving

Detailed Architectural Design Albums in Britain's Building

Detailed Architectural Design Albums in Britain's Building

Detailed Architectural Design in Wall Carving

Linjun.Z 2005
Detailed Architectural Design in Wall Carving

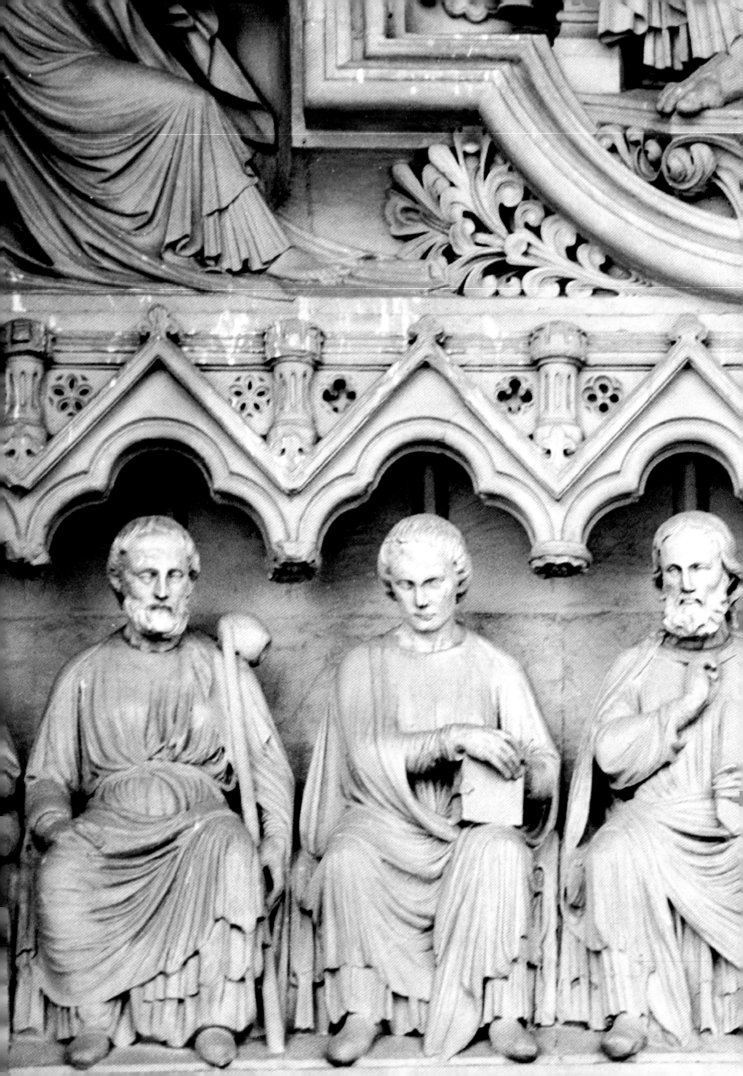

PHILOSOPHY BENEDICTINE ABBOT ARCHBISHOP

CONFESSOR   WARD I

282

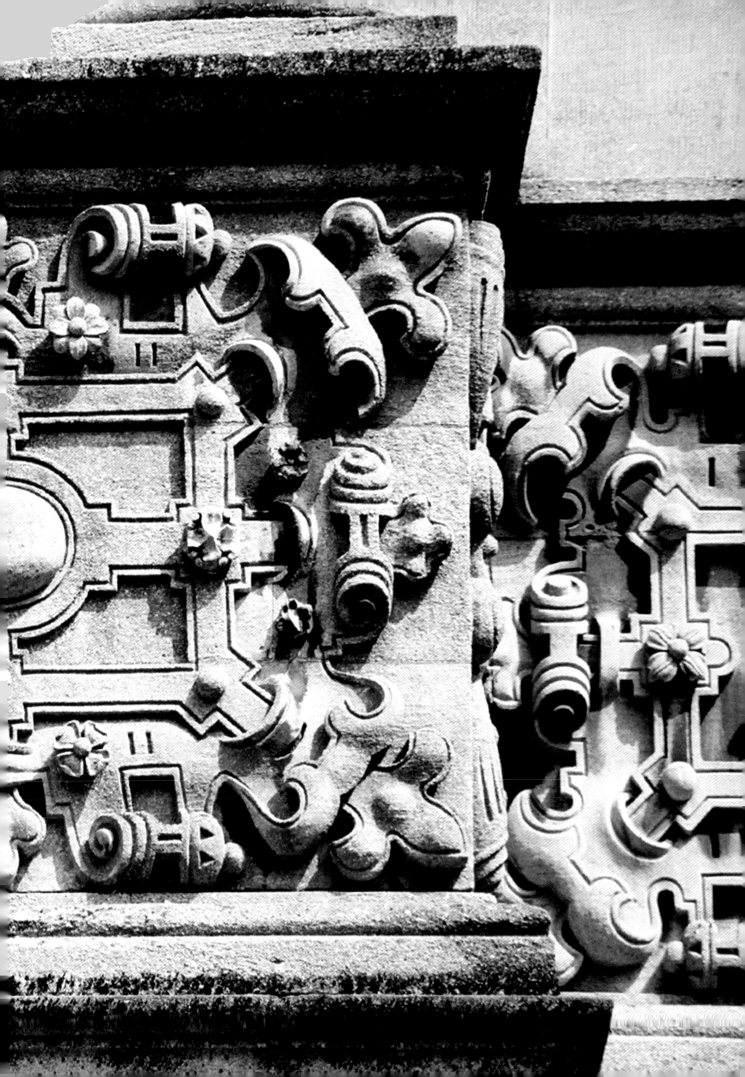

裙雕边饰

Eaves Carving
and Edge Adornment

302

Linjun.Z 2005

Detailed Architectural Design in Wall Carving

322

324

334

Linjun.Z 2005
Detailed Architectural Design in Wall Carving

柱雕面饰

Pillar Carving
and Facade Adornment

图书在版编目（CIP）数据

墙雕建筑细部设计 /W.HY 雪儿创作室（U.K.）编 . —上海：
上海科学技术文献出版社，2013.2
（英国建筑细部设计写真系列）
ISBN 978-7-5439-5674-2

Ⅰ . ① 墙… Ⅱ . ① W… Ⅲ .①墙—建筑装饰—细部设计—
英国—图集 Ⅳ . ① TU-883

中国版本图书馆 CIP 数据核字（2012）第 305979 号

责任编辑：朱天明

墙雕建筑细部设计

创意策划　W.HY 国际出版社（U.K.）　　W.HY 雪儿创作室（U.K.）　　编
出版发行：上海科学技术文献出版社
地　　址：上海市长乐路 746 号
邮政编码：200040
经　　销：全国新华书店
印　　刷：常熟市人民印刷厂
开　　本：889×1194　1/16
印　　张：22
版　　次：2013 年 2 月第 1 版　2013 年 2 月第 1 次印刷
书　　号：ISBN 978-7-5439-5674-2
定　　价：248.00 元
http://www.sstlp.com